Wild Birds

Wild Birds
世界野鳥追蹤

文・攝影◎柯明雄

目 次

Wild Birds

世界野鳥追蹤

◎ 前言 ◎

鳥類是分布最廣，演化最成功的脊椎動物，全世界約有九千多種，從冰凍的極地到乾燥酷熱的沙漠，都有牠們生活的足跡。由於擁有一身妙用無窮的羽毛，使其能輕易地適應各種不同類型的環境及克服大自然無情的考驗。像皇企鵝能在暗無天日的極地繁殖渡冬，可潛至約五百公尺的海底；沙雞可以在乾燥的沙漠生活，雨燕和信天翁可以長期滯留空中無須著陸；而有些兀鷲可以盤旋到一萬公尺以上的高空；駝鳥雖然不會飛，在陸地上奔跑的時速卻可高達72公里。每一種鳥幾乎都發展出一套獨特的生活方式和逃避天敵的方法。可悲的是，鳥類雖然具有通天下海的本領，卻逃不過唯一真正可怕的天敵──人類，連數以億計的旅鴿，曾因市場的需要，以一卡車一卡車的獵殺方式，終至滅種絕跡，何況是現存的鳥類，有些數量已縮減到以個位數來計，還要面臨前所未有的工業污染、棲地破壞、林地快速萎縮、地球暖化等空前的生態危機，如果不從根本的觀念上加以改變，學會尊重大自然，了解和野生動物共存的重要性，立即停止環境的破壞，否則一切的努力、研究都將成為生物史上慘痛的記錄，而所有的復育行動，也只能聊表人類懺悔的心意

罷了。別忘了今日鳥類便是人類明日最好的寫照。

　　鳥類名稱一直困擾著許多鳥友，尤其是中文名稱，因此本書中的鳥名以鄭光美主編之《世界鳥類分類與分布名錄》為依據，名稱有不同的地方，盡量將大家熟悉的名稱，以「又稱」的方式呈現，例如：鷺鷹又稱蛇鷲或秘書鳥，並將英文及拉丁學名並列以便查閱。

　　本文以自然觀察者的角度，希望能從神秘的野鳥世界中，學會如何捨棄自我的堅持，放寬胸懷，順其自然，以快門將美好的剎那凝結，拍多拍少隨緣而定。野鳥是無國界的，在跑遍全台各地後，開始進行海外賞鳥之旅，近五年來曾多次參與同好以自助旅遊方式，前往馬達加斯加、那米比亞、波札那、肯亞、南非、祕魯、哥斯大黎加、澳洲、紐西蘭、印度、尼泊爾、不丹、斯里蘭卡、北海道和婆羅洲等地，期間曾四度前往非洲，根據同伴累計，所看到的鳥種約4000左右，而我以隨身攜帶的400mm鏡頭拍到的尚不及十分之一，雖難免掛一漏萬，仍願將臨場和野鳥共處，那種奇妙的感覺與大家一起分享。

世界野鳥追蹤

● 雄鳥選視野良好的枝幹作為求偶競技的舞台。祕魯

神秘之鳥

就我個人來說，賞鳥過程中的經驗，往往勝過鳥種本身的稀有和珍貴性，那種感覺可能是綜合各種不同的感觸，如事前的期待、難度的挑戰、意外的發現和臨場的震撼等，種種錯綜複雜的心情所產生的神秘感。

1.安地斯冠傘鳥

　　生長在祕魯安地斯山東側的安地斯冠傘鳥，艷名早已聞名海內外.。我們從庫斯克古城出發，車子越過安地斯山3900公尺的隘口，抵達山麓的東側，海拔約1600公尺的森林地帶，那就是安地斯冠傘鳥生長的地方。牠喜歡選擇面臨溪澗峭壁上築巢，只有少數地區可以看到，是稀有珍貴的鳥類，Cock-of-the-Rock的鳥名便因棲息地而得名。這裡的山莊也以此來命名，他們擁有一處安地斯冠傘鳥求偶的場地，須事先安排，經由一條上鎖的小道，通往一座懸空架設的觀察小屋，屋內陰暗，蚊蟲很多，可做近距離的觀察。老遠就聽到雄鳥的叫聲，紅、黑、白三色對比鮮明，就像絲絨縫製的布偶，只是牠多了一股高貴的靈氣。母鳥則是暗咖啡色很不容易發現，時值繁殖期，雄鳥會選擇開闊的樹枝當作舞台，三五成群不斷地表演，展現亮麗鮮紅的頭冠，母鳥則躲在暗處，仔細觀賞再做抉擇。交配後，築巢育雛都是母鳥的工作，雄鳥則繼續表演，吸引其他的母鳥，有時連續一、二小時而不中斷，傳播美麗的後代便是雄鳥的主要工作。

● 雄鳥搖頭擺尾可愛的模樣。祕魯

● 雌鳥躲在陰暗處仔細觀察再做抉擇。

● 安地斯冠傘鳥Andena Cook-of-the-Rock（Rupicola peruviana）
雄鳥像充滿靈氣的絲絨布偶。祕魯

● 不擅飛行的麝雉由上往下滑行。祕魯

● 棲息在高枝上迎接晨曦的麝雉
　Hoatzin（Opisthocomus）。祕魯

● 邊緣透光的麝雉有如著火的鳳凰。祕魯

2.麝雉：

　　亞馬遜的上游支流密佈，河道彎曲有如半月形的曲木「牛軛」，每年5到9月是乾季，10月到次年4月為雨季，雨季時河川水位上升，彎曲河道和主流相通，乾季時水位下降形成無數彎曲的「內陸湖」。馬紐（Manu）生物圈保留區便是處在多變化的地理環境中，擁有世界上最多物種的保留區，光鳥類就有一千種以上，超過北美洲的總數量，何況Manu還有許多人跡未至的地方。麝雉便是棲息在凹湖或河流旁，巢築在水邊的樹叢裡，長得像雞一樣，是同伴口中的「火鳳凰」，尤其是早上天剛亮，成群棲息在樹枝上，經晨曦投射，整隻就像著了火的鳳凰，閃耀著刺眼的光芒，笨拙地從高枝上跳往低處隱密的矮叢，飛行能力很差，僅能做短距離的滑翔，成鳥約有一公斤重，對於這樣的鳥類，居然還能存活到現在感到非常好奇，據當地鳥導說，這種鳥因為身上有一種特殊的氣味，糞便亦奇臭無比，居民不喜歡，所以很少被獵殺，且多築巢在人跡不易到達的水邊，而剛孵化的雛鳥更奇特，翼端長有兩根爪，可以在樹枝上攀爬，遇到危險時，會跳到水裡游走或下潛，等危險過後再爬回巢上。可見任何生物都有其生存的本能，也許你不喜歡的，正是牠所以活下去的理由。

● 選擇水邊安全的地方曬乾夜間的露水。祕魯

世界野鳥追蹤

● 短暫的距離常要經多次飛跳才能到達。祕魯

● 原雞Red Junglefowl（Opisthocomus）。斯里蘭卡

3.原雞：

　　雞是最常見的鳥類，而原雞可就稀奇了，長的樣子雖然和土雞很類似，但現在連所謂的「放山雞」都已失去了原有的本能。小時候公雞天一亮會登高長啼，人們便開始了一天的忙碌，就像現在的鬧鐘一樣。而公雞追求母雞的過程更是令人難忘的一幕，牠會利用一粒米或一隻小蟲不斷啄起放下，並發出咕咕的聲音引誘母雞，即將下蛋紅著臉的母雞就會跑來吃，公雞會立即咬住母雞的頸部，踩到背上，母雞也會識相地伏下，完成交配後，公雞得意地伸長脖子，拍拍翅膀離開。孵卵和照顧小雞全由母雞負責，剛孵化的小雞兩三天內就可以隨著母雞到處覓食，而母雞為了照顧小雞，更顯得無微不至。三步一啄、五步一顧，隨時側頭看看天空，預防老鷹從空中突襲，一有狀況立即發出警訊，讓小雞有時間逃入草叢或翅下躲避，而老鷹通常發現獵物後不會直接撲下，反而盤向後方再俯衝下來，措手不及的母雞為了維護小雞常奮不顧身地和老鷹打得遍體鱗傷，這些動人的畫面也只有在原雞身上才有機會看到。

　　雞也常常被形容成膽小鬼，動不動就嚇得雞飛狗跳，曾經有個養雞場，就因陌生人突然闖入，雞群受驚過度，跳撞而大量死亡。生長在野地的原雞，機警程度則有過而無不及，雖然生活在保護區內仍不例外。

　　當國家公園的解說員，帶我們進入斯里蘭卡最大的野生動物保護區雅拉（YALA）

● 原雞亞成鳥。斯里蘭卡

隨時保持高度警覺性的原雞Red Junglefowl（Opisthocomus）。斯里蘭卡

時，便聽到原雞的叫聲，這裡除了有豐富的鳥類資源外，經常可以看到大象、水牛、野豬、鹿和鱷魚等，可能是大型肉食動物較少的關係，野豬和鹿群都成群結隊悠閒地在覓食，和非洲草原上截然兩樣。但原雞則不同，天敵仍多，雖出現好幾次，多屬驚鴻一瞥，尤其是車在動、雞在跑的情形下，所能拍到的經常是一張張震動模糊或快速竄跳的畫面，但卻留給我無窮的回味。保護區裡的動物都知道看到車子不必走遠，因為每一個人都需要遵守「車不離道、人不離車」的嚴格規定。

斯里蘭卡原雞本來分布很廣，除了西南部外，幾乎遍布全島，但現在只有保留區才看得到，平常單獨或小群出現，飛行能力差，遇到危險時會飛到樹上或草叢裡，晚上棲息在樹枝上，黎明時公雞常站立樹枝上高啼。巢築在地上容易被破壞，除了繁殖季節外，全年都有繁殖記錄。印度亦有原雞和灰原雞兩種，也只有在保護區才容易看得到。

● 顯得一副驚慌的樣子。斯里蘭卡

● 鷺鷹又稱蛇鷲或秘書鳥Secretary（Sagittarius serpenparius），雄糾糾地巡視獵場。肯亞

4.鷺鷹（又稱蛇鷲或秘書鳥）

在非洲或印度的草原上，可以看到一隻高大而外觀奇異的鳥類，橘紅色的臉，和猛禽一樣的鷹嘴，頭上有黑色長及肩部的冠羽，一雙強而有力的長腿，昂首闊步地在草原上搜尋獵物，灰白的身體，配上黑色長及尾部的飛羽、尾羽和腿部，形成強烈的對比，身高約一公尺，展翼長達2公尺，一旦豎起頭冠展現雄風時，就像盛裝的印地安酋長一樣威風的不可一世。鷺鷹喜歡大蝗、雛鳥、蜥蜴和嚙齒類等動物，雖又名為蛇鷲，而蛇只是食譜中的一小部分，主要是以大蝗為主，但無疑仍是蛇的剋星。捕食的方法也非常怪異，不論獵物大小，全用腳踩，連蛇也不例外，因腳爪上有銳利堅硬的鱗片，不怕蛇咬，捕蛇時如果蛇身仰起，鷺鷹會用臨空蹬踹的方式將蛇擊倒再加以踐踏，就像搏擊高手一樣，不消片刻蛇已渾身是傷，奄奄一息而任其擺佈。

這樣雄糾糾氣昂昂的鳥類，居然會有另一個文縐縐的名字叫秘書鳥，相傳是因為頭部的冠羽像早期書記人員置於耳後的羽毛筆而得名，實際上是西方人將阿拉伯語「Saqret-tair」（意思是hunter-bird）的發音誤為「secretary」才會有這樣的傳說，其實是獵鳥的意思。在猛禽中單獨列入鷺鷹科，只有一種，更增加了牠的神祕性。

● 覓食時展現印地安酋長似的冠羽，威風不可一世的模樣。肯亞

建在樹木、枯枝或電線桿上面，經常數以百計群聚在一起。而每一隻鳥回巢常會銜一根草回來加強公共鳥巢，因此支撐的樹木常不堪負荷而攔腰折斷，更稀奇的是兇猛的非洲侏隼還會來共住，不僅是牠們的房客而且還是保全人員，幫牠們驅趕蛇和蜥蜴等，彼此和平共存，怎不叫人稱奇。

● 像吊籃一樣的鳥巢，隨風搖晃。那米比亞

● 樂園維達雀Eastern Paradise Whydah（Vidua paradisea）。那米比亞

● 據稱是全世界最大的鳥巢。那米比亞

● 黑額織雀African Masked Weaver（Ploceus velatus） 黃黑對比的奇特模樣。南非

● 成群的長尾巧織雀又稱長尾寡婦鳥Long-tailed Widowbird（Euplectes progne），
　飛過乾枯的草原，雄鳥尾羽長達40公分是身體的兩倍。肯亞

● 群織雀築在樹上的巢。那米比亞　　　　　● 群織雀築在枯木上的巢。那米比亞

世界野鳥追蹤

25

● 雄巧織雀是高明的建築師，以安全舒適的巢吸引異性，雌鳥正入內查看，如未
　獲青睞，雄鳥會拆除重建。南非

● 黑頭織雀Black-headed Weaver（Ploceus cuculatus）就像戴副黑色長鼻子的面具。肯亞

● 姿態優雅的紅領巧織雀又稱紅領寡婦鳥Red-collared（Euplectes ardens）。南非

世界野鳥追蹤

● 像大主教一樣的紅巧織雀又稱紅寡婦鳥。南非

● 找找看大林鵰Great Potoo（Nyctibius grandis）在哪裡？祕魯

6.大林鴞：

　　在雨林中最怕的常常不是毒蛇猛獸，而是數不清的小昆蟲，為了防範未然，出發前已施打黃熱病疫苗及吃高單位的防瘧疾藥奎寧，並攜帶防蚊蟲藥膏等，自認做了萬全準備，但仍然防不了無孔不入的小飛蟲。就為了看這隻大林鴞，才進入密林不到三十公尺，突然覺得脖子一陣火辣，本能地揮手一撥，瞬間手臂和頸部都起了一連串的小水泡，疼痛難擋，趕緊用飲水沖洗再抹藥，疼痛稍減變麻，面積逐漸擴大，嚮導立即過來查看，但表情稀鬆平常，並不以為意，因為當地人仍然穿著短褲一派清涼的樣子，很快地大家都忘了這件事，約步行十分鐘就到了目的地，大家都走的很輕鬆，只有我提心吊膽。鳥導告訴我們大林鴞就在那棵不遠的樹上，我們只能從矮叢的空隙中屏息往上看，連腳步都不敢大意輕移，只見光禿禿的樹幹就是找不到那隻大鳥，終於在大家的驚嘆中看清了牠的真面目，幾乎和枯枝沒兩樣。大林鴞屬於道地的夜行性鳥類，只要不干擾牠，白天都會停在相同的位子，休息的時候兩眼合

● 如不受干擾，從早到晚姿勢幾乎一成不變。祕魯

閉中間仍留一條細縫，隨時觀察周圍環境的一切，當牠發現被注意到時，會緩慢地伸長頭部，模擬枯枝的一部分，非常自信，除非逼的很近，否則不會輕易飛走，堪稱鳥類中難得高明的偽裝者。大林鴞嘴大而喙小，羽毛的顏色類似夜鷹，體型則大得多，約50公分長，垂直站立，不像夜鷹身體伏貼著棲木。食物以昆蟲為主，有時也會捕食較小型的蝙蝠，捕到後會飛回原來棲息的地方，就像佛法僧一樣。雌雄類似，巢築在樹洞裡，由親鳥共同負責培養下一代的責任，這是我所見識過最具特色的鳥類之一。

● 白頸蜂鳥White-necked Jacobin（Florisuga mellivora）。哥斯大黎加

花間的小精靈

1. 蜂鳥

　　體型最小的蜂鳥只有5公分，每秒拍翅卻多達200次，是全世界最小，拍翅最快的鳥類。

　　蜂鳥飛行時因肩部加入運作，可做180度的旋轉，在無風的狀況下，能在空中滯留，不像其他鳥類如紅隼等須在有風的情形下，控制飛行的速度，使其和風速相抵才能停留，蜂鳥並且能在瞬間中作上下左右前進後退不同方向的飛行，速度之快讓肉眼難以辨識，而體溫的變化亦大，約在攝氏17度至28度之間，白天須因應快速飛行的需要，體溫保持在高點，晚上休息時，會鬆散羽毛，讓溫度降到最低點，而進入冬眠狀態，不像人類須維持定溫36°C只要上升或下降4°C就有休克的危險。

　　蜂鳥多變化的色彩，是因羽毛結構的關係，隨著角度不同，光線的明暗，散發出異樣的金屬光澤，在光線不足的情況下，甚至於呈現黑色的模樣，這種物理性的光澤和一般化學性的色調不一樣，因此很難用化學顏料在印刷時顯現出來。覓食時常在空中表演滯留的特技，以細線般的長舌伸入吸食花蜜，扮演著和蜜蜂一樣傳播花粉的角色。分布在北美、中美和南美等地。從平原到高地都有，食物以花蜜和小昆蟲為主，經驗中，賞蜂鳥最佳的地方是中美洲的哥斯大黎加，在出發前，曾有人告訴我，只要是住在以鳥類生態為號召的旅館，坐在陽台上泡咖啡就可以看到六十幾種鳥類，其中蜂鳥就有十幾種。這句話就像我告訴外國人，在台灣我曾遇到五、六十支大砲級的鏡頭，對準著一隻小鳥的場面，一樣都讓人覺得很不可思議。哥斯大黎加有家旅館，每月記錄到的鳥類約在200種左右，真是名不虛傳。

快速接近。祕魯

● 蜂鳥和蜜蜂一樣能在空中定點滯留。祕魯

● 綠胸芒果蜂鳥在自然光下的色彩和加閃光燈有很大的差異。哥斯大黎加

世界野鳥追蹤

● 咬合不全露出長舌的蜂鳥仍然能吸蜜。哥斯大黎加

● 能精準地插入細小的花朵不會失誤。美國

世界野鳥追蹤

● 綠胸芒果蜂鳥Green-breasted Mango（Anthracothorax prevostii）在閃光燈下散發著金黃色的光澤。哥斯大黎加

● 蜂鳥鼓翅每秒可達2百多次。美國

● 任何角度都難不倒牠。祕魯

● 大蜂鳥Rivoli's Hummingbird（Eugenes fulgens）亞成鳥喉部棕色，成鳥為綠色。哥斯大黎加

● 只要有蜜再小的花朵都不放過。祕魯

● 棕尾蜂鳥Rufous-tailed Hummingbird（Amazilia tzacatl）。哥斯大黎加

● 太陽鳥也會捕其他小昆蟲。肯亞

● 馬里基花蜜鳥 Marigua Sunbird（Cinnyris mariquensis）具有尖銳的喙可以直接從花的基部戳洞吸蜜。肯亞

● 太陽鳥由於角度的關係在陽光下仍會呈現黑色的色調。肯亞

2. 太陽鳥

　　太陽鳥外形和蜂鳥非常類似，同樣以花蜜和小昆蟲為主食，羽毛的顏色也會散發出不同的金屬光澤，但卻是兩種不同的鳥類，分布的地方不同，覓食的方式也不一樣。太陽鳥分布在亞、非等地，因缺乏像蜂鳥一樣滯留空中的能力，常停留在花朵旁邊，從花的基部吸食花蜜，有時直接戳個小洞，以長舌伸入吸食。太陽鳥和蜂鳥的公鳥顏色都非常鮮豔，鳥種較易區分，母鳥和幼鳥，色調黯淡，辨識困難。有研究顯示，牠們比較喜歡粉紅色、紅色和橘紅色的花朵，也會造訪任何顏色含有花蜜的花朵。無論如何，太陽鳥亮麗的外表，加上鮮豔的花朵，在賞鳥者心目中仍然是最佳的畫面。

● 雄鳥亦散發著金屬光澤赤胸花蜜鳥Scarlet-cheasted Sunbird（Chalcomitra senegalensis）。肯亞

世 界 野 鳥 追 蹤

● 南非食蜜鳥Cape Sugarbird（Promerops cafer）雖缺乏像蜂鳥或太陽鳥一樣鮮豔的外表，但長尾飄逸同樣能吸引賞鳥者的眼光。南非

● 從花朵基部吸食花蜜的太陽鳥。斯里蘭卡

● 強有力尖銳的喙、寬眼帶、綠色的身體、細長的尾部，是蜂虎常見共同的特徵，喉胸顏色則變化較大。粟喉蜂虎 Blue-tailed Bee Eater（Merops philippinus）。斯里蘭卡

空中的捕快

1.蜂虎

　　擅長在空中捕捉飛蟲的鳥類很多並各有其特色，而蜂虎的確是蜂的剋星，但不限於捕蜂，像體型比蜂大得很多的蜻蜓、蛾或蝶類都是食譜中常見的獵物。蜂虎嘴型細長有力，身體的顏色大部分以綠色為主，頭、喉、肩部變化較大。喜歡站立在枯枝或電線上，也常見三、五成群地在一起，發現飛蟲立即起飛捕捉再回原位，在枯枝或電線上摩擦直到確定獵物死亡為止，尤其是會螫人的蜂更不能大意。對於體型較大的如蜻蜓等，則需調整方向，先拋向空中，讓獵物頭部朝下，接住再吞食，如果獵物是蝴蝶的話會把寬大的翅膀拆掉再吃。築巢的方式也很特別，成群的在河岸土質峭壁上挖洞繁殖。要想觀察牠的行為很容易，只要在蜂虎經常出現的地方靜靜地等待，必然會有令人滿意的結果。

● 燕尾蜂虎Swallow-tailed Bee Eater
（Merops hirundineus）

世界野鳥追蹤

白額蜂虎White-fronted Bee Eater（Merops bullockoides）。那米比亞

● 藍喉蜂虎Blue-throated Bee Eater（Merops viridis） 。南非

● 白喉蜂虎White-throated Bee Eater（Merops albicollis）捉到小飛蟲直接吞食。南非

蜂虎捕到大型飛蟲如蜻蜓，先在電線上摩擦至死再吞食。斯里蘭卡

世界野鳥追蹤

● 馬島蜂虎Madagascar Bee Eater（Merops superciliosus）。馬達加斯加

● 紫胸佛法僧Lilac-breasted Roller（Coracias caudata）喙厚實有力，頭胸斑紋明顯全身色彩鮮豔尤其是飛行時最為顯著。肯亞

2.佛法僧

　　英文名稱Roller就是巨浪的意思，喜歡在空中表演特技，尤其是繁殖期，會在空中像海浪一樣作大翻轉，或從高處俯衝而下再回到原處。牠不但是空中捕蟲高手，連地上的蛙、蜥蜴、小蛇、囓齒類、或巢中的雛鳥都不放過，和牠美麗的外表很難聯想。在台灣是稀有的過境鳥類，我第一次看到是在三芝的高壓線上，拍到一張像花生米大灰灰的照片，只能證明我真的看到了佛法僧。到印度才真正看清了牠的真面目。就在公路上佛法僧展開了天藍色耀眼的翅膀，從行道樹滑向兩旁的田園，起初大家還會迫不及待的要求鳥導停車觀賞，接著也就習以為常了。

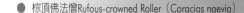

● 棕頂佛法僧Rufous-crowned Roller（Coracias naevia）

世界野鳥追蹤

● 馬島綬帶公鳥。馬達加斯加

● 闊嘴三寶鳥African Broad-billed Roller（Eurystomus glaucurus）也是佛法僧的一種。肯亞

● 馬島綬帶Madagascar Paradise Flycatcher（Terpsiphone mutata）母鳥有雙水青色楚楚動人的大眼睛。
馬達加斯加

世界野鳥追蹤

● 非洲綬帶鳥公鳥白色型。肯亞

3.綬帶鳥

　　鶲科的許多鳥類都是名副其實的空中捕手，牠們常在密密的枝葉中搜尋昆蟲，將其驚動飛舞再行捕食，飛行時，翅膀會發出輕打的爆裂聲，亦有助於驚動飛蟲。而綬帶公鳥在繁殖期時，尾羽的長度可以超過身長的二倍，飛行時隨風飄逸好不迷人，因喜歡在陰暗處出沒，容易看而不易拍，但每次出現都會震撼你的心，白綬帶鳥更不用說，幾次驚豔不是薄霧濛濛就是在枝葉茂密中穿梭，很難拍到完整的模樣，在光圈只有20的情況下，我還是以手持方式貼著樹幹用560mm的焦距拍下朦朦朧朧的倩影。

● 雲霧茫茫中的印度鳥園屬世界級保護區。印度

● 非洲綬帶鳥African Paradise Flycatcher（Terpsiphone viridis）。肯亞

東非啄木Nubian Woodpecker（Campethera nubica）用尾羽支撐保持身體平衡。肯亞

森林的小木匠

1. 啄木鳥

　　在森林裡常常傳來一陣陣幾乎連結的敲擊聲，或在枯枝上看到大小不一的樹洞，有的甚至於密密麻麻地布滿整個樹幹上，那都是這些小木匠的傑作。啄木鳥的食物以昆蟲、螞蟻和其他幼蟲為主，也有些以果實、種子或樹脂為食，有些啄木鳥會在樹皮上啄些凹洞讓流出來的樹脂留存在凹處以便食用，並會將橡果等鑲在樹幹上儲存以便過冬。啄木鳥須不斷地啄鑿樹幹，再用長舌把躲在洞裡的幼蟲鉤出，這種獨特的覓食方式，必須具備一套特殊的裝置才能勝任，例如尖銳的喙、強而有力的頸部肌肉，以及基部從鼻孔延伸繞過頭骨的長舌，就像原住民額頭上的背帶，有了很好的著力點，加上舌尖布滿了細小的鉤刺，才能順利地將深藏在不同方向樹洞裡的幼蟲拉出。鑿洞時為了防震，頭骨還有類似海綿體的吸震組織保護頭腦，否則不變成腦震盪才怪，除此之外還須有一雙銳利的腳爪，二趾在前二趾向後（三趾啄木，二趾向前一趾向後）和一般三趾在前一趾在後的鳥類不同，能在樹幹上，上下左

● 小金背三趾啄木Lesser Golden-backed Flameback（Dinopium benghalense）中趾在前二趾在旁和一般啄木鳥二、三趾在前，一、四趾在後不同。印度

小金背三趾啄木就在路旁行道樹幹上，後面是一大片油菜花田，印度

● 橡樹啄木Acorn Woodpecker（Melanerpes formicivorus）領域性很強隨時要保護牠的儲倉。美國

● 橡樹啄木儲存渡冬糧食的大儲倉。美國

● 灰頭綠啄木Grey-faced woodpecker（Picus canus）在零下10℃左右仍然照常覓食。北海道

右快速地移動，啄木時還需強而有力的尾羽來支撐身體。啄木鳥是鑿洞高手，巢築在樹洞中，只有少數只在土堤的洞穴裡，通常洞內沒有內襯的材質，卵約2-4粒呈白色而富光澤，也較圓，便於在黑暗的洞穴中翻轉或辨識，幾乎所有洞穴中產卵的鳥類都有類似的情形。雌雄共同育雛，雄鳥常負擔較多的家事，例如夜間多半由雄鳥負責，平常晚上也都棲息在洞裡，大部分是單獨的，只有少部分是成對或家族聚集在一起。啄木鳥會利用中空的樹幹發出共鳴聲彼此聯絡。廢棄的洞或舊巢，常成為其他林棲鳥類的搶手貨。

● 斑擬鴷Pied Barbet（Tricholaema leucomelas）。那米比亞

2. 擬啄木

　　擬啄木和啄木鳥同樣以昆蟲果實等為食，同樣會鑿樹洞，常被誤認為是啄木鳥，但牠們覓食的方式截然不同，啄木鳥鑿樹的目的除了居住繁殖以外，主要是為了覓食，尋找樹幹上的寄生蟲，而擬啄木鑿樹的目的只是為了居住或繁殖使用。擬啄木最吸引人的地方是外表羽毛顏色和斑點之多，常令人眼花撩亂，台灣常見的五色鳥便是其中之一，色調雖多，但比起其他擬啄木則清純多了。五色鳥喜歡選擇枯樹或樹枝的椏口來鑿洞，經常看到枯樹幹上鑿了許多深淺不一的洞口，不加仔細分辨，還不知道哪一個洞才是真正育雛的地方。洞口選在背風面，避免風雨直接灌入，枯木的選擇不能太硬也不會太軟，太硬不容易鑿洞，太軟的樹幹容易折斷，巢築在樹洞內仍然會遭到蛇或松鼠的攻擊。在陽明山公園曾發現五色鳥把巢築在步道或休閒椅旁的枯木，使害怕人的蛇或松鼠不敢輕易接近。

● 黑領擬鴷Black-collared Barbet（Lybius torquatus）身體的色調和棲木很接近。南非

世界野鳥追蹤

綠擬鴷Oriental Green Barbet（Megalaima zeylanica）。斯里蘭卡

● 紅黃擬鴷Red-and-Yellow Barbet（Trachyphonus erythrocephalus）。肯亞

綠林戴勝Green Wood Hoopoe（Phoeniculus purpureus）鮮紅的喙、腳，全身散發著金屬光澤。肯亞

3. 戴勝、林戴勝

　　在古埃及象形文字中，就有關戴勝的描述，民間亦有許多傳說。戴勝喜歡在草地或腐木上尋找食物，所以經常在墓地出現，在金門還被認為是「棺材鳥」。戴勝巢築在樹洞、土墩或岩縫裡，而林戴勝則常用啄木鳥或巨嘴鳥的舊巢，最多是加以修整一下，只能算是小木匠的房客，兩者巢內皆沒有內襯的材質。

● 白頭林戴勝White-headed Wood Hoopoe
（Phoeniculus bollei）。肯亞

● 彎嘴戴勝Scimitar Bill（Rhinomastus cyanomelas）
利用啄木鳥的舊巢育雛。南非

● 厚嘴巨嘴鳥Keel-billed Toucan（Ramphastos sulfuratus）。哥斯大黎加

● 紫林戴勝Violet Wood Hoopoo（Phoeniculus damarensis）。那米比亞

● 紫林戴勝飛行。那米比亞

紅嘴彎嘴犀鳥亞成鳥嘴參雜黑色。肯亞

4. 犀鳥

　　犀鳥不但嘴大，聲音也大，可以發出像狗叫、驢叫、獅子吼和喇叭等多種聲音。是名符其實的大嘴巴，喜歡利用天然的樹洞、岩洞或啄木鳥的舊巢，但出入口都選擇長條型的裂縫。繁殖期間雌鳥會用樹皮、樹脂以及吐出來的雜物，連同將自己封在裡面，僅留一道提供食物的缺口。雄鳥也會幫忙，並負責所有食物的提供。而封在洞內脫去羽毛的雌鳥會像小鳥一樣索食，直到雛鳥飛羽長成，才會破門而出，前後約3個月時間。屬雜食性鳥類，包括果實、種子、昆蟲、蛙、蛇、鼠甚至於蹄兔、烏龜等動物。犀鳥的樹洞雖然不是自己鑿的，但可以稱得上是整修的高手。

● 紅嘴彎嘴犀鳥Red-billed Hornbill（Tckus erythrorhynchus）紅色醒目透光的巨嘴。肯亞

世界野鳥追蹤

● 厚嘴巨嘴鳥彩繪般的巨嘴。哥斯大黎加

世 界 野 鳥 追 蹤

● 黑背麥雞Blacksmith Lapwing（Vanellus armatus）。南非

大地行者

1. 駝鳥

　　駝鳥的雄鳥身高達2.5公尺，雄鳥體重可超越136公斤，在陸地上奔跑的速度每小時達72公里，是世界上最高、最重、跑得最快的鳥類，且眼睛直徑約5公分，是生活在陸地上眼睛最大的脊椎動物，稱得上是「四冠王」。

　　駝鳥屬一夫多妻制，繁殖期會跳求婚舞，過程細緻，交替地從這邊跳舞到另一邊。交配後雄鳥會選擇一個地方築一個公共的巢，提供二到三隻母鳥下蛋。巢很簡單，就在沙土上挖個淺坑，通常約下15-20個蛋，有時亦達40個以上。每個蛋約有18公分長、1.7公斤重，一顆蛋相當於20個以上的雞蛋，須六星期才能孵化，由公鳥或其中一隻母鳥負責孵蛋和照顧雛鳥。駝鳥已喪失飛行能力，是道地的大地行者，食物主要以嫩葉、草莓、種子等，有時也會啄食昆蟲和小爬蟲類。

● 非洲駝鳥Ostrich
（Struthio camelus）。
駝鳥是陸地上跑得最快的鳥類。肯亞

● 跳求偶舞的非洲駝鳥。肯亞

● 白腹鴇　White-bellied Bustard（Eupodotis Senegalensis）。那米比亞

● 黑鴇Black Bustard（Afrotis afra）。那米比亞

鷲珠雞Vulturine Guineafwol（Acryllium vulturinum）有個像禿鷹一樣的頭，只是腦後多一撮環狀紅棕色的毛。肯亞

2. 普通珠雞、鷲珠雞

　　普通珠雞頭上帶著三角形硬質的頭冠，身上深藍色的羽毛則鑲滿了白色的珍珠，顯得格外的高貴，牠們喜歡棲息在開闊的雨林、林地草原、矮叢或農地，屬雜食性，如果實、種子、嫩草或農作物等，早晚可以看到成群的珠雞在覓食，過午後亦可看到大群的珠雞到水邊飲水，築巢在密密長草或矮叢底下。

　　鷲珠雞則更奇特，除了擁有珠光寶氣以外，頸部有白色鮮明的縱斑和鑲了白邊的飛羽，但卻搭配了兀鷲般的禿頭，只是腦後多了一環棕色的細羽，習性和普通珠雞類似。

世界野鳥追蹤

● 珠雞Helmeted Guineafwol（Numida meleagris）頭頂上有硬質的冠。肯亞

● 雙垂鶴駝Double-wattled Cassowary（Asuorius casuarius）。澳洲

灰頸鷺鴇Kori Bustard（Ardeotis kori）身高120公分重達18公斤，是非洲會飛的鳥類中最重的鳥。那米比亞

3. 鴇

　　最大型的灰頸鴇有1.2公尺高，重達18公斤，是非洲飛鳥當中體重最重者，頭上有黑色的羽冠，展現時會把灰白色的頸部鼓得像球一樣大，覓食時以長腳在草原上緩步前進，遇有警訊會迅速走進長草，伸長頸子一動也不動，很難發現牠，食物主要以昆蟲、種子、小囓齒動物、蜥蜴、軟體動物，有時也會吃腐肉和樹脂等。

　　想要拍一張非洲體重最重，會飛的灰頸鴇飛行照片，是攝影者夢寐以求的畫面，想不到卻在那米比亞（NAMIBIA）趕路的途中得到了。兩隻灰頸鴇正要過馬路，等到車子停下時，一隻已走過了馬路，只見牠側頭看著天空，我立即驚覺到牠要飛了，馬上拉開車窗，伸出長鏡瞄準牠，清晰的畫面出現在景窗中，以追蹤拍攝方式一口氣拍了六張，前後約五秒鐘時間，同行的夥伴都認為我拍到了，但車子在動、人也在動、鳥在飛，說實話一點把握也沒有，等到片子沖出後，終於找到一張清晰的照片，那種興奮的心情久久不能平息，我想這大概就是生態攝影的魅力所在吧！

● 灰頸鷺鴇Kori Bustard（Ardeotis kori）
　身高120公分重達18公斤，是非洲會
　飛的鳥類中最重的鳥。那米比亞

● 橫斑沙雞Lichtenstein's Sandground（Pterocles lichtensteinii）像鴿子一樣的體型
飛行能力強。肯亞

4. 鷓鴣、沙雞

　　鷓鴣生長在山坡、岩層、林地或半乾燥多刺的矮叢裡，像雞一樣，一小群或成對的在棲息地遊走覓食。叫聲大而粗糙刺耳，常發生在黎明或黃昏時段，受到驚擾才會笨拙地起飛，翅膀呼呼作響，飛行能力很差，晚上棲息在樹上、地上或岩層的邊緣。巢築在長草或矮叢裡，岩石間或樹根旁凹處鋪上乾草或葉子，雛鳥孵化後一兩天內即可跟隨親鳥四處遊走覓食。雌雄鳥外觀相類似，羽毛色調都具有保護的作用。

　　沙雞外觀看起有點像鳩鴿一樣，生活在半沙漠或沙漠等乾燥地帶，主要以乾燥的種子、植物的根等為食物。行走速度緩慢，飛行能力很強，每天早上會聚集大群飛往長達60公里

● 那馬瓜沙雞Namaqua Sandground（Pterocles namaqua）。那米比亞

世界野鳥追蹤

● 肯尼亞鷓鴣Jackson's Francolin（Francolinus jacksoni）。肯亞

● 南非鷓鴣Cape Francolin
（Francolinus capensis）。南非

● 南非鷓鴣的家族。南非

外的水池喝水，天氣酷熱時也會在黃昏時再前往。繁殖期間並會利用胸前的羽毛吸水回來

餵食雛鳥或降低鳥巢的溫度。沙雞可以在乾燥的沙漠中尋找細若粉末的種子為生，這些種

子是植物利用短暫的雨水快速成長、開花結果所留下的種子，這也是沙雞能夠在沙漠中生

活的主要原因之一。

● 謝利氏鷓鴣Shelley's Francolin（Francolinus shelleyi）。肯亞

● 冕麥雞Crowned Lapwing（Vanellus coronatus）。那米比亞

● 水石鴴Water Thick Knee（Burhinus vermiculatus）
大頭強有力的喙，有著鈕扣般的大眼睛和一對長腳。肯亞

5. 麥雞、石鴴

　　麥雞主要棲息在溼地、海灘或廣闊的草原，巢築在地上，只用幾粒小石子圍成巢或在動物的糞便間築巢，卵的顏色和環境非常類似，即使走近了也不容易發現，但你不必擔心踩到牠的卵。麥雞的領域性很強，只要接近鳥巢十幾公尺，親鳥便會大吵大鬧，聲音大得刺耳，並且不斷向你作警告性的俯衝，如果再接近的話，就會產生攻擊的行為。牠們常用類似方式成功驅趕食草的大型動物，避免鳥巢被踐踏破壞，而這些動物大都在不勝其煩的情形下離開。麥雞雌、雄鳥外觀類似，雄鳥通常比較苗條且高挑。食物以昆蟲、水生昆蟲、軟體動物為主，有時也會啄食植物的種子。

　　石鴴：在賞鳥的過程中，實在有太多令人回味的第一次，尤其是在國外賞鳥，幾乎大部

● 粟頸走鴴Heulin's Courser（Rhinoptilus cinctus）常常走近飛起才被發現。肯亞

世界野鳥追蹤

● 黑斑沙行鳥Black-banded Plover（Charadrius thoracicus）。馬達加斯加

分的鳥類以前都沒看過，出發前必須先做許多功課，了解可能看到的鳥種和相關的環境，但那種不期而遇、活生生地出現在你眼前時的感觸，絕非從書本或透過媒體所能獲得。當我第一次看到水石鴴時，明知在這樣的環境如溪流、湖邊或溼地都有可能發現，沒想到竟然出現在身旁約2公尺處。方圓的大頭、黃色的大眼睛，加上白色的眼圈中間明顯的小黑點，正一動也不動地凝視著你，全身的羽毛就像乾燥了的標本，要不是那明亮的眼睛和強有利的嘴，明顯地告訴你牠是活的。在飛走前牠會有躊躇不前的動作，或快步往前走。

巢築在地上，用小石子圍成稀稀疏疏簡陋得看不出巢的樣子，為了避免狒狒或蜥蜴偷食鳥蛋，會選擇在鱷魚巢旁築巢，如果遇到不怕鱷魚的大型動物，親鳥會挺身在巢前，奮力驅趕，有時連象群都會識相地改道。點斑石鴴則生活在次沙漠的草原或矮叢地帶。食物以昆蟲為主特別是甲蟲或蚱蜢，也會攝食種子、軟體動物或蛙、爬蟲類、囓齒類等。

● 斑石鴴Spotted Thick Knee（Burhinus capensis）警覺性高，隨時跟你保持一段距離。南非

● 藍孔雀Blue Peafowl（Pavo cristatus）雄鳥發現雌鳥興致勃勃地趕過去。斯里蘭卡

6. 孔雀

　　孔雀開屏除了宣示領域外主要當然是為了吸引異性，但並不是每一次都靈光，我曾多次看到雄鳥從老遠跑來，興緻勃勃地展現牠美麗的羽毛，自信滿滿地東炫炫西炫炫，只見雌鳥頭都不抬地吃牠的東西，一旦逼得太近，雌鳥還會快步走開，徒留下默默無趣的雄鳥。藍孔雀分布較廣，幾乎遍布整個印度半島和斯里蘭卡，雄鳥約230 cm。綠孔雀則只分布在印度東北和孟加拉等地，體型比藍孔雀大，雄鳥約有300 cm，雌鳥和雄鳥的差別，雌鳥體型較小且缺乏長尾，其餘則與雄鳥類似。

● 公鳥開屏後緩慢地旋轉抖動以吸引母鳥。斯里蘭卡

展現亮麗的羽毛。斯里蘭卡

● 母鳥不為所動逕自離開。斯里蘭卡

● 回到棲木等待下次機會的來臨。斯里蘭卡

● 飛行中的藍孔雀。斯里蘭卡

● 白臉角鴞White-faced Owl（Ptilopsis leucotis）。那米比亞

暗夜殺手

1. 鴞

鴞俗稱貓頭鷹，大部分屬夜行性鳥類，頭部特大，兩眼在前，幾乎佔去頭的大部份空間，視力和聽力超強，兩隻大眼睛在夜間聚光的能力差不多是人類的一百倍，頸部可以作270度的迴轉，飛羽的周邊以柔軟的羽毛構成，有消音作用，使獵物在毫無預警的情況下被獵殺，那雙強而有力的利爪便是殺手與生俱來的利器。羽毛屬中灰色調，不易被發現，白天則棲息在樹洞或隱密的高處，地點非常固定，白天的貓頭鷹就像沒睡醒的夜貓子，睜不開眼睛來，就算睜開眼睛來，也常會以睜一隻眼、閉一隻眼，那種可笑的樣子斜看著你，一旦被其他鳥類發現，會群起鼓譟，絲毫不把這殺手放在眼裡，食物包括小鳥、嚙齒類、蜥蜴、蛙、昆蟲等，從所吐出來的食糰便可以了解獵物的種類。除腳趾外兩腳卻覆蓋著密密的羽毛，只有捕魚為生的魚鴞兩腳是光禿的。頭頂上也常見長著兩撮像「角」或「耳」的羽毛，有時會平伏下來，辨識時宜多加注意。叫聲因種類不同，變化很大，尤其是在夜深人靜時常傳來低沉、陰森森的叫聲，有時

● 白眉鷹鴞White-browed Owl（Ninox superciliaris）一對粗寬的白眉，黑色的眼睛，身上白色的斑點和腹部橫紋都很醒目。馬達加斯加

● 橫斑腹小鴞Spotted Owlet（Athene brama）的可愛模樣。印度

● 非洲林鴞African Wood Owl（Strix wood fordii）。
那米比亞

● 馬島角鴞Madagascan Scops Owl（Otus rutilus）躲
在密叢睡覺被干擾，一副生氣的樣子。馬達加斯加

甚至於會發出像貓、狗、吹口哨或哭泣的聲音，令人毛骨悚然。雌鳥通常比雄鳥體型大，兩者羽色類似不易分辨。鴞也有少數會在白天活動，尤其是晨昏時刻或陰暗的日子，大角鴞便是，曾在陰天下午三時左右發現牠有覓食的行為。

拍攝貓頭鷹除了夜間外，最好的時機，我覺得是在早晨天剛亮的時候，牠們剛結束獵食的行動，回到白天棲息的林木，容易發現，而且有機會拍到自然光生動的照片，時間稍晚就回到固定而隱密的地方休息，想要拍到完整的畫面難度就高了。

在國外旅遊，我的相機和400米厘的鏡頭從不離身，哪怕是逛街或用餐都不例外，也因此得到不少意外的收穫，例如美洲鵰鴞，就在加州街道旁的大樹上拍到的，當時只覺頭頂上

● 美洲鵰鴞Great Horned Owl（Bubo virginianus）有52公分高，雖屬夜行性鳥類但也會在早晚或陰天的下午活動。會獵捕像兔子或鴨子等大小的獵物，本圖片在陰天的下午拍攝。美國

● 熟睡中的西紅角鴞Eurasian Scops Owl（Otus Scops）像兩個不倒翁一樣。印度

有一片黑影掠過，抬頭一看，這隻美洲最大的鵰鴞，就停在高高的橫枝上，絲毫不受來往行人的影響，也沒有任何人注意到，時間大約是午後三時、陰天、仰角，加上沒帶腳架，難度相當高，才拍幾張，已引來眾多行人圍觀，沒有人相信，此時、此地可以看到這樣美麗的大傢伙，很多人還是第一次看到，並且不斷的提出問題，想得到更多的資訊。這種不期而遇，高潮連連的情形，至今仍難忘懷。

　　然而，在拍攝過程中，心情起伏衝擊最大的一次，則是在非洲奧卡萬多（Okavanago）河畔，尋找高達66公分的橫斑漁鴞，鳥導一早帶我們進入河邊林地時，希望大家盡量避免踩到枯枝發出聲音，才有機會多看幾秒鐘，因行程中已有了多次槓龜的記錄，都不敢抱太大希望。未料才走幾分鐘就看到了，棕色、偏紅的高貴色彩，加上細細的黑色橫斑，從密密的枝葉中，露出半截的身子來，好奇地往下看，且不時地晃動著身子，立即引來一連串快門聲，我也不例外，一下子就拍完一卷，沒想到相機電力不足，捲片速度變慢，還未捲完便打開就這樣曝光了，剎時所有的興奮和努力都成為泡影。等處理完相機狀況後，已不見橫斑漁鴞的蹤影，那時的心情

● 橫斑漁鴞。那米比亞

● 茶腹角鴞Tawny-bellied Screech Owl（Otus watsonii）。祕魯

● 棲息在岩壁的非洲角鴞African Scops Owl（Otus senegalensis）。肯亞

● 斑鵂鶹Barred Owlet（Glaucidium capense）通常是在早晚時獵食，白天則停在樹葉不多的橫枝上。肯亞

● 珠斑鵂鶹Pearl-spotted Owlet（Glaucidium perlatum）。肯亞

好像從熱鍋中直接進了冷凍庫，唯一的希望是看曝光後的底片是否能找到一張完整的照片。沒想到折返時，居然出現了第二隻橫斑漁鴞，角度、光線都比第一隻好，而且還拍了六、七張才飛走，這種失而復得的滋味，就像洗三溫暖一樣。

● 熱帶鳴角鴞Tropical Screech Owl（Otus choliba）牠扮演旅館招牌的一部分，每天約在上午7：00上班，下午5：00下班，從不遲到早退。哥斯大黎加

● 睡眼惺忪的太平洋角鴞Pacific Screech Owl（Otus cooperi）。哥斯大黎加

● 黃雕鴞，背部色調較深，在陰暗處仍然可以清楚地看到紅色的眼簾。肯亞

雲斑蟆口鴟 Marble Frogmouth（Podargus ocellatus）在夜間獵食，以爬蟲類大型軟體動物為主食。澳洲

2. 夜鷹

　　對於夜間的小飛蟲來說，夜鷹無疑是個大殺手，寬大的嘴，利於空中捕捉飛蟲，也可以平貼地面，慢速低飛，以捕食地面上的昆蟲。牠雖然有一對強而有力的羽翼，但兩隻腳卻弱小無力，不能走也不能跳，只可以攀爬。腳爪的構造非常奇特，中趾特別長，爪上有垂直類似鋼毛的裂痕用來整理羽毛，就像一把梳子一樣，在鳥類中僅發現蜂鳥有類似現象。夜鷹是靠視力來捕捉獵物，因此常出現在黃昏、黎明或有月光的晚上，而不能在完全沒有光線的環境捕食。白天棲息在林地的樹幹上，身體平貼著樹皮，偽裝成樹的一部分；或停留在視野開闊的平地上像一堆乾枯的樹葉，或沙洲上的一堆砂土，很不容易被發現。白天休息時眼睛仍留一條細縫，隨時注意外界的動靜，對於自己的偽裝很有自信，常常人們走近到幾公尺才驀然起飛，每當夕陽西下，便是觀察夜鷹的最佳時段，鳥導會在回程的某些地段，特別放慢速度，在車頭燈的照射下，欣賞夜鷹蹲在車道旁或從空中掠過的身影，有時還可以看到夜鷹眼睛反射的紅光，由於夜間視線不明，經常需要依賴牠的叫聲來辨識。

● 馬島夜鷹Madagascar Nightjar（Caprimulgus madagascariensis）黃昏時就在你面前飛來飛去，容易看、不容易拍攝。馬達加斯加

● 起飛的黑美洲鷲American Black Vulture（Coragyps atratus）。祕魯

王 者 之 風

鷲鷹、鷹和隼等猛禽都位居於食物鏈金字塔的頂端，食物包括小型哺乳動物、鳥類、爬蟲類、魚類和昆蟲，甚至於大型動物的屍體。牠們除了擅長於高空飛行特技外，鷹眼可以從高空掃瞄到地面上的獵物，鷹嘴可以撕裂獵物的屍體，而鷹爪更厲害可以瞬間捕殺獵物，像猛鵰的巨爪可以貫穿猴子的頭蓋骨，也是爭奪領域空戰的利器。除了嗜食死屍的兀鷲類之外，其餘不分大小，兇猛的氣勢都不差，真不愧稱為猛禽。兀鷲大部分的時間都利用上升氣流在高空盤旋，以尋找動物的屍體。有些用掃瞄的方式搜尋死屍或其

● 準備起飛的褐短趾鵰Brown Snake Eagle（Circaetus cinereus）。肯亞

● 草原鵰Steppe Eagle（Aquila nipalensis）在肯亞是冬天常見的大型猛禽，約76公分分布很廣，喜歡在矮叢或開闊的草原獵食，不論外表或氣勢都表現了王者的架勢。肯亞

● 白尾海鵰亞成鳥。北海道

他兀鷲聚集的地方，因為有兀鷲聚集的地方一定會有死屍；有些則會循著風向，利用敏感的嗅覺找到隱藏在草叢裡的屍體，像紅頭美洲鷲一樣，總是第一個到達現場。遇到大型動物的屍體，大部分的兀鷲都不具備撕開厚皮的能力，只好成群耐心地等待，像王鷲或皺臉兀鷲一樣具有威力的巨喙出現。只要這些擁有巨喙的鳥禽一降落，牠們會自動讓出一條路來，好讓牠親臨屍體。一旦撕開了厚皮，就如同下了「開動」的口令，大夥爭先恐後連頭頸都伸入屍體內部爭食，這便是兀鷲類頭頸為什麼沒有毛的原因。

除了王鷲、黑兀鷲、皺臉兀鷲、白頭鷲等偶爾會獵殺小動物外，大部分皆缺乏這能力，但牠們都具備有寬大的翅膀，能長時間地在高空盤旋，也是全世界飛得最高的鳥類，例如黑白兀鷲（Ruppell's Griffon Vulture）可高達37,000ft約11,274m，令人難以想像。

● 長冠鵰Long-creasted Eagle（Lophaetus occipitalis），頭上有冠羽，黃色的眼睛和腳趾，容易辨認。分布較廣，從平原到3000公尺的高地都有牠的蹤跡。肯亞

● 成群棲息枯枝上的黑鳶Black Kite（Milvus migrans）。尼泊爾

世 界 野 鳥 追 蹤

● 白尾海鵰降落時的雄姿。北海道

● 白兀鷲亞成鳥。印度

猛禽雖號稱為百禽之王，在鳥類的世界裡並非所向無敵，無所顧忌，經常會遭遇到捲尾科或鴉科鳥類的攻擊，尤其是大捲尾和烏鴉更是常見，在斯里蘭卡曾目睹一隻白腹海鵰因誤闖烏鴉領域，只見一隻登高一呼群起反應，就像戰鬥機一樣，立即升空攔截輪番攻擊，白腹海鵰雖快速盤升但仍有一兩隻尾隨攻擊，久久不得脫身，直到烏鴉認為已驅出安全範圍，才英雄式的返回而持續聒噪一番才平息。

在北海道也看到同樣的一幕，只是被攻擊的對象換成體型更大的白尾海鵰，狼狽的情形沒兩樣，但牠卻選擇快速降落，烏鴉只敢停在周圍不停叫囂，或從高枝俯衝而下，做驅離的動作，等休息夠了，再設法掙脫，但仍免不了又是一陣追啄。烏鴉靠的是強健的飛行力和數量上絕對的優勢，對猛禽來說雖沒有生命上的威脅，但相信再也沒有比碰到烏鴉更倒楣的事了。

很少有機會近距離觀察到猛禽獵殺的鏡頭。有天中午，就在旅館附近庭院裡的一棵大榕樹下，當時野鳥群聚吵雜不堪，歌鷹靜靜地停在頂層的枝幹上，密切地觀察，牠沒有選擇身旁的鳥類，而是一隻較遠，埋頭在地上覓食的棕斑鳩。只見歌鷹快速俯衝，群鳥一聲驚叫，地面上激起幾根細小的絨毛，獵物只顫抖幾下，沒有太多的掙扎，獵殺便已結束。稍停片刻，便把獵物帶回樹上享用，其他的野鳥並未因此飛光，

● 飛行中的蛇鵰（大冠鷲）亞成鳥易造成誤判

世界野鳥追蹤

● 黑美洲鷲American Black Vulture（Coragyps atratus），在亞馬遜河畔的漂流木上，整齊排列休息。祕魯

反而更安心地繼續覓食。猛禽所以能快速殺死獵物，主要是利爪能深入脊髓骨縫隙，使其脫節而切斷神經，因此獵物很可能在莫名其妙中便已死亡，真不愧為百禽之王。

在台灣賞鳥，猛禽是可遇不可求的鳥類，尤其是過境的猛禽。墾丁、八卦山和觀音山是鳥友熟悉的據點，而觀音山的占山，是我所了解最奇特的地方。

三月下旬到五月中旬，正是猛禽過境的時段。我第一次上占山，沿途林木茂密，好不容易克服了三百多個陡峭的階梯，才上山頭，頓時豁然開朗，從枝葉中露出的天空雖不大，卻有一百八十度的視野，狹口長長地，整個關渡平原和淡水河口，就像一幅捲軸畫。遺憾的是，有限的狹長空間，還有幾棵突出的樹木，更增加了拍攝鳥類飛行的難度。

大冠鷲的叫聲，不時地從遠處山谷傳來，突然有鳥有驚叫，禿鷲！就在關渡大橋上方。才上來五分鐘，誰會相信，一年難得記錄到的迷鳥，會在這裡出現。平整寬大的雙翼，像滑翔機一樣地朝山頭飄來，連肉眼都可以分辨，看似緩慢，短短數秒，已從山頭的缺口飄過，再出現時，已滑向遙遠的淡水河口，慌亂中，按了幾下快門，成了牠來台的唯一證據。

接著赤腹鷹、灰面鵟，就像落葉般，稀疏地從眼前飄過，不是太小，就是來不及對焦。小群的蜂鷹偶爾會在雲層的破洞出現，而一隻游隼，趁大夥不注意時，從眼前劃過，魚鷹和鳶，乘著上

● 猛鵰Martial Eagle（Polemaetus bellicosus）高約84公分是非洲最大的猛禽，會攻擊空中大型鳥類，或俯衝獵殺地面中型的哺乳動物，像小鹿或猴子等，現正育雛中。肯亞

● 禿鷲Cinereous Vulture（Aegypius monachus），2003.3.26於觀音山占山頂拍攝。

● 黑鸛Black Stork（Ciconia nigra），2003.4.17於觀音山占山頂拍攝發現時兩隻離山頂約二、三十米，來不及對焦，只拍到一隻。

● 禿鷲，背景為面天山。

昇氣流，循著鬱鬱的山壁，驀地在缺口出現，不但震撼了人心，也衝爆了鏡頭，獲得一張正常的照片。

我還真不敢相信，台灣有這麼特殊的地方，尤其是上占山的第一天。以後，只要是猛禽過境期間，一有空便上山，雖然沒有第一次那麼精采，但仍有不少震撼和驚遇，兩隻黑鸛突然出現，幾乎遮去狹長三分之一的天空，等鏡頭對到焦時，已分飛到對面的遠山，留下了一張遙遠的背影。每當山頭無人時，大冠鷲出現的頻率更為頻繁，甚至停在身邊不遠的枯枝上，不停地呼叫著遠方的同伴。而不同羽色的亞成鳥，常會帶給你意外的驚喜與誤判。加上山頭附近有不少野花雜草、蝶類和其他昆蟲，就算沒拍到好照片，也可以享受到蝶舞鷹揚，遠離塵世的清靜。

● 黑白兀鷲Rueppell's Griffon（Gyps rueppellii）。肯亞

● 灰歌鷹Grey Chanting Goshawk（Melierax poliopterus）和歌鷹類似只是體型較大，色調較淡，約63公分，歌鷹顏色較深約56公分，喙、腳呈橘紅色，臀部亦有較多的斑紋，歌鷹喙、腳則偏黃，須仔細辨認。肯亞

● 蛇鵰Cested Serpent Eagle（Spilornis cheela）又稱大冠鷲，在印度是普遍的留鳥，台灣也有類似亞種。印度

● 紅頭美洲鷲Turkey Vulture（Cathartes aura）。腳爪仍然捉住牠的獵物褐鵜鶘，不知道是牠發現的屍體，還是牠獵殺的戰利品。祕魯

● 成群棲息的烏鴉，領域性很強，任何猛禽都不敢接近。斯里蘭卡

● 只要有猛禽接近，立即發出警訊。斯里蘭卡

● 烏鴉攻擊白腹海鵰亞成鳥。斯里蘭卡

● 灰頭美洲鳶Grey-headed Kite（Leptodn cayanensis）亞成鳥。哥斯大黎加

● 非洲海鵰African Fish Eager（Haliaeetus vocifer）又稱吼海鵰，白色的頭、胸和尾部，深栗色的腹部一
副莊嚴肅穆的樣子，看不出牠也喜歡吃屍體，分布在海岸或河流林地，為局部常見的鳥類。肯亞

世界野鳥追蹤

● 準備起飛的虎頭海鵰Steller's Sea Eagle（Haliaeetus pelagicus）。北海道

● 白兀鷲Egyptain Vulture（Neopheron percnopterus）。印度

● 非洲鷹African Goshawk（Accipiter tachiro）。肯亞

● 普通鵟Common Buzzard（Buteo buteo）。在印度是常見的冬候鳥。印度

世界野鳥追蹤

● 鷹鵰Hodgson's Hawk Eagle（Spizaetus nipalensis）又稱赫氏角鷹或熊鷹，頭上有明顯的冠羽。台灣也有類似亞種。斯里蘭卡

● 食蝠鳶Bat Hawk（Macheiamphus alcinus）。白天棲息在樹上，黃昏時獵捕蝙蝠或小型鳥類。肯亞

● 栗鳶Brahminy Kite（Haliastur indus）。斯里蘭卡常見的鳥類，常驟然俯衝攫取地面或水面上的食物，也會捕食空中的昆蟲。斯里蘭卡

● 黃嘴鳶Yellow-billed Kite（Milvus aegyptius）空中纏鬥的情形。馬達加斯加

● 黑翅鳶Black-shouldered Kite（Elanus caeruleus）。南非

世界野鳥追蹤

● 馬島隼Madagascar Kestrel（Falco newtoni）停在枝頭的尖端。馬達加斯加

● 獵殺棕斑鳩的暗色歌鷹Dark Chanting Goshawk（Melierax metabates）。肯亞

● 西域兀鷲Eurasian Griffon（Gyps fulvus）。印度

● 紅爪隼Eastern Red-fooded Facon（Falco amurensis）。南非

● 鸛嘴翡翠Stork-billed Kingfisher（Pelargopsis capensis）巨大的喙，上直下
微上彎，類似鸛鳥，和一般翠鳥筆直的喙明顯的不同。斯里蘭卡

鳥中的漁夫

1.翠鳥

　　擅長捕魚的水鳥很多，各有其獨特的謀生技巧，從外觀和效率來說，最吸引人的莫過於翠鳥，常停在離水面不遠的特立枯枝或視野良好的枝幹上休息等待，兩眼直盯著水面，一有動靜就像炸彈一樣，栽進水，瞬間翻身上來回到原處，不斷振動著翅膀抖落水珠，嘴裡卻多了一條翻白的小魚，很少有例外。飛行時就像投手的快速直球，讓肉眼難於分辨。

　　記得有次在婆羅洲海岸紅樹林內，正值中午，水波平靜，突然一片土司麵包掉到水裡，水面立即興起陣陣漣漪，從四周向麵包集中，瞬間變成跳躍沸騰的壺水，數不清的銀白色小魚，把麵包覆蓋壓斜、壓沉、浮出，而吐司快速縮小，更讓人驚奇的是，斑魚狗從四面八方像砲彈一樣稀稀疏疏不停地落下，令在場的人目瞪口呆，久久發不出一語，這非等尋

● 褐頭翡翠Brown-hooded Kingfisher
　　（Halcyon albiventris）

● 白胸翡翠。斯里蘭卡

常的畫面，正好告訴我們平靜的大自然多麼容易受到外來的衝擊，那怕只是一片掉落的土司麵包。

　　翠鳥大部分都棲息在溪澗、河流或海邊紅樹林地帶，依小魚為生。也有生活在乾涸的林地裡，例如澳洲的笑翡翠，以蛇、鼠、蜥蜴等小動物為生。而居住在雨林的紅頭三趾翠鳥則捕食昆蟲。翠鳥飛行快速成一直線，叫聲單調，但都具有一身艷麗鮮明的外表。巢築在棲地土墩挖掘的洞穴裡，翠鳥中以斑魚狗的飛行技巧最為突出，和蜂鳥一樣在無風的狀況下能在空中滯留，覓食的範圍能擴及廣大的水面而不像其他翠鳥受到棲木的限制，在競爭上佔盡了優勢，捕食的方式，可先行停滯在水面上空觀察，目標確定後，垂直下墜，捕獲獵物後，快速翻身飛回棲木，再行吞食，動作一氣呵成，效率之高，令人嘆為觀止。

　　澳洲的藍翅笑翠鳥約46公分是翠鳥中最大的，棲息在林地不依靠捕魚維生，食物包括昆蟲、爬蟲類、小型囓齒類、軟體動物、雛鳥、蛋等無所不吃。巢築在樹洞裡，行為和一般翠鳥類似，例如：直線平飛、叫聲單調、短尾、強壯的喙，獵捕後飛回原棲木等。而斑魚狗是翠鳥中捕魚技術最高明的一種，可以像蜂鳥一樣可以在無風狀況下在空中滯留，發現獵物後垂直下墜，並立即翻身飛回棲木進食，少有失誤。不像一般翠鳥需依賴水邊的棲木或特立的枝幹才能捕魚，斑魚狗則相對形成優勢，廣泛地分布在河流湖泊，港灣和潮間帶等地。

● 藍翅笑翠鳥Blue-winged Kookaburra（Decelo leachii）。澳洲

● 張開大嘴的白胸翡翠。印度

● 白胸翡翠又稱蒼翡翠White-throated Kingfisher（Halcyon
smyrnensis）。天藍色的背部，咖啡色的頭、嘴、肩、腹，
加上白色的喉、胸，深紅色的腳爪，在陽光下鮮明奪目，
只要看過一次就永遠不會忘懷。印度

● 發現同伴無動於衷，一臉詫異的樣子。斯里蘭卡

大魚狗Giant Kingfisher〔Megaceryle maxima〕。棲息在溪流或堰塞湖林地，約46公分，是非洲體型最大的翠鳥。肯亞

● 粉頰小翠鳥African Pygmy-Kingfisher（Ispidina picta）。棲息在靠水邊的林地，約11公分是非洲最小的翠鳥，食物以昆蟲、小型爬蟲類、軟體動物為主。肯亞

● 冠翠鳥Malachite Kingfisher（Alcedo cristata）。廣泛地分佈在淡水河流和湖泊地區，頭上的冠羽可以豎起，是常見的鳥類。肯亞

世 界 野 鳥 追 蹤

世界野鳥追蹤

● 赤麻鴨Ruddy Shelduck（Tadorna ferruginea）又稱瀆鳧飛過山澗河谷，頸部有黑色細環帶者為雄鳥。尼泊爾。

世界野鳥追蹤

● 黑腹樹鴨Black-bellied Whistling（Dendrocygna autummalis）又稱紅嘴樹鴨。成群聚集在哥斯大黎加有生物地理學地帶之稱的PaloVerde，含有12種以上不同的環境，包括淡、鹹水湖、草原、溼地等，是生態環境的寶庫。哥斯大黎加

平穩地站在竹桿頂上。斯里蘭卡

2.鸕鷀

　　早在千年前就被人類用來作為捕魚的工具，直到現在，在日本或大陸桂林仍被用作吸引觀光客的花招，足見牠水中捕魚技術之高明。一般水鳥羽毛都有防水的功能，而鸕鷀正好相反，羽毛的構造不但會滲水而且利於排氣，因此可以減少水中的阻力，快速的追捕魚群。所捕到的魚體型也較大，而且習慣浮出水面再吞食，漁人便利用這一特性，在牠腳上綁上繩子脖子繫個環以防牠把魚吞下去，等牠捕到魚浮出水面時拉回取出，主人會塞一小塊魚再放行。饑餓的鸕鷀只好拼命地追捕，直到主人滿意為止，再一起分享。野生的鸕鷀則沒有這困擾，隨意吃到飽為止，整群地棲息在樹上或沙洲上，張開翅膀曬太陽休息，等羽毛乾了後再作長途的飛行。在鸕鷀經常活動的水面，常會發現成群的小魚躍出水面，不要以為魚兒在表演舞蹈，那正是鸕鷀在水中的傑作。

　　鸕鷀是高度群聚的鳥類，捕魚時則個別作業，休息時喜歡群聚沙洲或棲息在同一棵樹上張翅曬太陽。黃昏時則呼群引伴，成群結隊地飛回棲息的林地，成千上萬的鸕鷀飛過黃昏的天空，構成美麗的圖案。

● 長尾鸕鷀Long-tailed Cormorant（Phalacrocorax africanus）。肯亞

● 成群棲息樹上的鸕鷀。斯里蘭卡

● 捕到蝦的長尾鸕鶿。肯亞

● 南非鸕鶿Cape Cormorant（Phalacrocorax capensis）育雛中。南非

● 有一雙像藍寶石一樣的眼睛。斯里蘭卡

● 印度鸕鷀Indian Cormorant（Phalacrocorax fuscicollis）。印度

● 紅腿鸕鷀Red-legged Cormorant（Phalacrocorax gaimardi）。祕魯

● 普通鸕鶿Great Cormorant（Phalacrocorax carbo）也有優雅的一面。斯里蘭卡

● 伸入親鳥嘴裡索食的普通鸕鶿幼鳥。育雛期間親鳥體重會逐漸減輕而幼鳥則快速成長甚至大於親鳥。
美國

● 游成一字形的白鵜鶘。南非

3.鵜鶘

　　童話中的送子鳥，體型龐大，長而有力的嘴加上巨大嚷袋，是撈魚的利具，但因浮力過大無法潛入水中，只能撈游到水面的魚，平常是單獨作業的，有時也會群體合作把魚趕淺水處，再撈食。由於腳短，在陸地上行動笨拙，起飛時也是一樣，一旦起飛，巨大的翅膀有利於在空中滑翔，擅於長途飛行常在空中作V字形排列。鵜鶘也是喜歡群聚的鳥類，曾在南美祕魯的海面，發現成群的海鳥，貼著海面低飛，其中褐鵜鶘和鰹鳥的數量最多，褐鵜鶘以一字隊行排列和船行同方向，足足有半小時而未間斷。回到漁港碼頭，也發現海鳥群聚的現象，許多小販提著一大桶小魚，只要觀光客給小費，便開始餵食，尤其是鵜鶘，多到舖滿了餵食區的海面。而在東非肯亞也發現大群的白鵜鶘聚集在湖邊，優閒地整理羽毛，顯得自然多了。數大雖然就是美，但在夕陽下，海邊一隻落單的鵜鶘，在金波盪漾中，更能引起人們無限的聯想。

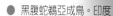

● 黑腹蛇鵜亞成鳥。印度

● 曬太陽中的美洲蛇鵜Anhiga（Anhiga anhiga）優雅的姿態。美國

● 褐鵜鶘的兩隻幼鳥。祕魯

● 落單的鵜鶘在金碧輝煌的霞光下更引人遐思。那米比亞

世界野鳥追蹤

● 斑嘴鵜鶘Spot-billed Pellican（Pelecanus philippensis）
理毛中（前為黑頭白鷺）。斯里蘭卡

● 擅於飛行的白鵜鶘，起飛時顯得非常吃力。肯亞

● 整齊排隊等待餵食的鵜鶘。祕魯

世界野鳥追蹤

● 白鵜鶘Great White Pelican（Pelecanus onocrotalus）。鵜鶘是群聚性很高的鳥類，體型碩大，長度達180公分，身體沉重，腳短有蹼，拙於步行，翅膀寬大，擅於利用上升氣流作長距離的飛行，長頸長嘴加上巨大的囊袋是捕食的利器，因不會潛水只能捕到游到水面的魚類，平常都是個別覓食的，有時則會群體合作，把魚趕到淺水處再撈捕。背景是肯亞那庫魯湖的大、小紅鶴。肯亞

● 伸伸懶腰、拍拍翅膀是起床的標準動作。北海道

游泳健將

1. 雁鴨

　　大部分的水鳥泳技都不差，雁鴨則有其特別之處，扁平的身體，細密防水的羽毛，使牠能像一艘船一樣，輕易地漂浮在水面上，不像鸕鷀和蛇鵜游泳時大部分的身體都沉在水中，尤其是蛇鵜只露出細長的頸部像蛇一樣。而雁鴨則有三分之二的身體浮在水面。除了繁殖孵卵以外，牠們可以在水面上覓食、睡眠、交配，最特殊的莫過於水上交配的行為，雄鳥必須踩到雌鳥背上，雌鳥的身體幾乎沉入水中，雄鳥已演化出能摺疊而具有伸縮性像

● 冰天雪地上沉睡的大天鵝，隨時都有幾隻保持清醒。北海道

世界野鳥追蹤

● 茶色樹鴨Fulvous Whistling Duck（Dendrocygna bicolor）又稱草黃樹鴨。群聚性高，常達萬隻以上。斯里蘭卡

● 斑嘴鴨Spot-billed Duck（Anas poecilorhyncha）又稱花嘴鴨。雌雄一對，嘴端黃色，雄鳥眼鼻間有塊鮮明的橘色斑塊，雌鳥則無。台灣的花嘴鴨為另一亞種，雄鳥無橘色斑塊。印度

● 非洲黃嘴鴨African Yellow-billed Duck（Anas undulata）。南非

彈簧一樣的雄性器官，可以深入母鳥體內，使精液不至流失，不像一般鳥類雄鳥皆不具有明顯的性器官。

天鵝、雁和鴨同屬鴨科在覓食上卻有很大差異，天鵝和雁是素食者，以植物的嫩葉為主食，經常看到在草地上啄食新長出來的嫩尖，因養分較低須不斷地啄食，同時也不斷地排泄。鴨則屬雜食性，在潮間帶或溼地常發現大群的鴨子用扁平的嘴，在爛泥中左右不停地濾食泥中水生動物，也會啄食植物的嫩葉。飛行能力都很強，尤其是鴨子，可以從水面直接起飛而不須任何預備動作。秋冬時由北方的繁殖地往南飛，路線長達數千公里，春夏時再飛回北方繁殖，屬一夫一妻的鳥類。回到繁殖地交配產卵後，雄鳥率先脫毛換羽，雌鳥較晚，換羽期間約4至8星期，失去亮麗的外表，也喪失飛行能力，遇到危險時只能快速游走或下潛，而變成了真正的游泳健將。鴨不像天鵝和雁那樣聒噪，除樹鴨外都屬沉默的一群，不易從叫聲加以區辨。

● 針尾鴨Northern Pintail（Anas acuta）又稱尖尾鴨，雄鳥。北海道

● 灰雁Greylag Goose（Anser anser）。在印度分佈很廣、數量眾多，常在溼地聚集多達百萬隻以上。印度

● 鵲鴨 Common Goldeneye（ Bucephala clangula），金黃色的眼睛配上嘴基白色的斑塊顯眼動人。北海道

● 長尾鴨Long-tailed Duck（Clangula hyemalis）。北海道

● 綠翅灰斑鴨Cape Widgeon（Anas capesis）。南非

● 黑天鵝Black Swan（Cygnus atratus）廣泛地分佈於澳洲湖
泊水域，為常見的巨型鳥類。澳洲

● 埃及雁Egyptian Goose（Alopochen aegyptiacus）。盡責的雙親帶
著一群小雁準備到河中覓食。肯亞

● 一隻靠得太近的黑鴨，被埃及雁公鳥
毫不留情地追趕。肯亞

世 界 野 鳥 追 蹤

● 加拿大黑雁Canada Goose（Branta canadensis）。普遍分布於北美洲、溼地、海岸、農地、公園皆可看到，黑色的頭頸臉部，寬大的白色斑帶，容易辨認，在中南美洲則較少見。哥斯大黎加

● 遠遠望去就像一陣煙一樣在空中翻轉。哥斯大黎加

● 普通秋沙Common Merganser（Mergus merganser）雄鳥。北海道

● 疣鼻栖鴨Muscovy Duck（Cairina moschata）。分布從墨西哥北部到哥倫比亞西部，祕魯東部和厄瓜多爾西部，公鳥比母鳥大得多，有86公分長3公斤重，臉部有鮮紅的肉疣，冠羽可豎立，翅膀有白色的覆羽，嘴上有黑色環帶，外型類似台灣的紅面番鴨容易辨認。祕魯

● 距翅鴨Spur-winged Goose（Plectropterus gambensis）。公鳥長度可達100公分是非洲最大的水鳥，分布在3000公尺以上的溼地，嘴臉和腳呈紅色容易辨認。南非

● 轉身並排後，開始表演。祕魯

2. 鸊鷉鳥

　　鸊鷉鳥長得像一隻尖嘴無尾的鴨子，一副神經兮兮的樣子，除了遷移外很少飛行，遇有警訊一閃即失，會快速下潛至二、三十公尺外再浮出，不明原因迷信的人常和水鬼發生聯想，更增加了神秘的色彩。繁殖期間，會有精采的求偶儀式。巢築在蘆葦間，採浮動方式，可隨水位高低而昇降，孵卵期間由雌雄鳥共同負責，換班時間相當準確，回巢時會潛至巢外蘆葦中幾公尺處先行觀察再游回並帶回半腐的水草將巢修補，彼此行儀再三才離開，遇到警訊，會朝鳥巢相反方向潛逃，離開時先下潛數十公尺外再浮出，一旦雛鳥孵化，便攜離覓食，並常讓雛鳥騎在背上而不再回舊巢。

● 黑頸鸊鷉鳥。冬羽。哥斯大黎加　　● 黑頸鸊鷉鳥Black-necked Grebe（Podiceps nigricollis）。夏羽和冬羽差異大。南非

世界野鳥追蹤

Wild Birds

● 大白鷺Great Egret（Egretta alba）捕到魚的驚喜鏡頭。台北淡水河口

高來高去的涉禽

通常涉禽都具有高大的體型和一雙長腳，方便牠們在淺水灘處捕食魚類或其他水生動物，但也有例外。有些秧雞嬌小而害羞，屬夜行性鳥類，和鸛、鶴等相比，猶如天壤之別。

像巨鷺、蒼鷺、大白鷺、小白鷺等鷺科的鳥類覓食時都有共同的習性，如「昂首闊步」、「緩慢前進」、「靜待獵物出現」、「快速出擊」等，有時也會瘋狂追逐，尤其是漲退潮魚群出現，可以看到成群追逐小魚的畫面。牠們都具有尖銳的長喙像長矛一樣可以刺穿魚體，琵鷺則例外，一副扁平的長杓，在淺水中左右搜尋，獵捕四處竄逃的小魚，鸛則差異性較大，多具備有巨喙，例如禿鸛以腐肉為主食，彩鸛、白鸛、黃嘴環鸛等和大型鷺科鳥類覓食方式類似，鉗嘴鸛喜歡吃蝸牛或螺肉，吃時巧妙地以上喙抵住，再以銳利的下喙尖端切開肉殼相連處，取出螺肉，留下完整的空殼，就像擅長用刀叉的紳士一樣。而鶴則屬雜食性，舉凡種子、昆蟲、魚類、爬蟲類等、不論在水中或草原上的小生物，都包括在牠的食譜內。

● 藍嘴黑頂鷺Capped Heron（Pilherodius pileatus）一身清新的打扮。祕魯

● 巨鷺Goliath Heron（Ardea goliath）。不常見的鳥類體型巨大，可達150公分以上，比蒼鷺93公分，足足大50公分以上，是鷺科中最大的鳥類。出現在大型湖泊、河流、溼地等。和紫鷺外型相近但大得多，不容易誤認。肯亞

Wild Birds

1.巨鷺

鷺科中最巨大的鳥類約150cm，比蒼鷺93cm足足大50cm以上，像茅頭似的黯灰色強而有力的巨嘴，能刺穿一公斤重的大魚，在鷺科中有如鶴立雞群。名字取自於神話中的巨人（GOLIATH HERON），除了魚類外食譜中還包括甲殼類、爬蟲類和小型的齧齒動物，在印度和東非都曾有一面之緣，那高大的身軀至今印象仍然非常深刻。

● 展翅高飛的大白鷺。斯里蘭卡

世界野鳥追蹤

175

親鳥返回時幼鳥會鼓翅相迎。台北植物園

● 當大白鷺補到魚後，小白鷺會緊跟在後。台北淡水河口

● 非洲琵鷺群聚湖邊淺水處。肯亞

● 黑冠鳽又稱黑冠麻鷺Malayan Night Heron（Gorsachius melanolophus）母鳥在透光的環境下顯得格外的迷人。台北植物園

● 栗虎鷺Rufescent Tiger Heron（Tigrisoma lineatum）。祕魯

● 栗虎鷺覓食的姿態。祕魯

世 界 野 鳥 追 蹤

● 綠鷺Green-backed Heron（Butorides striatus）又稱綠簑鷺。斯里蘭卡

● 黑臉琵鷺又稱黑面琵鷺Black-faced Spoonbill（Platalea minor）北返期間在八里挖仔尾所發現數量較多
的一次，僅稍停留數小時補充食物後即行北返。淡水八里

● 印度池鷺Indian Pond Heron（Ardeola grayii）。印度

● 黑頭鷺Black-headed Heron（Ardea melanocephala）體型和蒼鷺相當，喜歡在草原或耕地覓食，繁殖期黃色眼睛會轉為紅色，在南非是常見鳥類。南非

● 休息中的黑冠鵑公鳥打個大哈欠。台北植物園

世
界
野
鳥
追
蹤

● 草鷺又稱紫鷺Purple Heron（Ardea purpurea）。羽色和巨鷺類似，體型則小得多，約83公分，頭上有黑色飾羽，巨鷺則無。印度

● 那庫魯湖畔的非洲禿鸛Marabou Stork（Leptoptilos crumeniferus）。肯亞

2.大禿鸛

　　大禿鸛是瀕臨絕種的大型鳥類約150cm，全世界只有分布在印度阿薩姆地區，其他地方很少看到。而我第一次看到卻是在哥斯大黎加的「帕洛沃地」（Paloverde）國家公園，那是好幾條河流匯集而成的，包括淡水湖和鹹水湖，一到雨季便連結在一起，有紅樹林、草原、溼地等十二種以上的生態環境，是生物地理學上聞名的國家公園。因為車子不能進入，本來行程上並未安排，未料遇到一位年輕的賞鳥者說：「即將乾的湖邊出現了十二隻大禿鸛。」在哥斯大黎加來說是千載難逢的大消息，且說：「路程單趟約四十分鐘左右。」結果大家在中午的大太陽下，快步行走將近兩個小時才到達，而且只看到起飛的背影，還好現場有上萬隻紅嘴樹鴨熱情演出，總算沒白跑一趟。由於臨時起意飲水攜帶不足，回程時不免個個虛脫，連晚餐都難於下嚥。

　　在印度有禿鸛和大禿鸛兩種，禿鸛體型較小，約120cm分布很廣，色澤較深、羽翼也沒有寬大直覆尾羽的斑帶，容易分辨，因此印度阿薩姆之行，大禿鸛便成為主要的目標。我們是阿薩姆保護區開放後，來自台灣的第一團，沒想到就因此成為當地三大報頭版新聞照片人物，並受到當地旅館業者的另眼看待。保護區內規定很嚴格，每輛進入參觀的吉普車，除了有一司機兼鳥導外，還有一位荷槍實彈的阿兵哥，老舊的三八式步槍，穿制服，腳上卻是一雙磨損的泡棉拖鞋，態度親切，只要離

● 從頭頂上越過的黑頸鸛。印度

● 成群棲息樹頂的彩鸛Painted Stork（Mycteria leucocephala）。印度

● 大禿鸛亞成鳥寬大灰白的翼帶尚未
形成，容易和禿鸛混淆。印度

● 黑頸鸛Black-necked Stork（Ephipporhynchus asiaticus）。分
布很廣，約150公分，為常見鳥類。印度

開車子，阿兵哥一定緊跟著你，事後小費當然是不能免的。

　　阿薩姆保護區有湖泊、溼地、草原、森林，保留完整未受破壞，適合長期觀察生態的地方，這回運氣很好連老虎都看到了，距離較遠約在一千公尺以外，但已很難得。大禿鸛當然不例外，約在三百公尺左右對拍攝的人來說實在太遠了，正感失望之際，第二天一早鳥導帶我們到一個非常特殊的地點，就在旅館附近約二十分鐘車程的市場後面，一個不到百坪的水池，居然聚集了三十幾隻大禿鸛，可惜當時天色未亮光線不足，大約只有五分鐘的接觸便匆匆飛走，池中僅剩下一隻傷了翅膀老鳥。原來市場魚肉廢棄物都拋棄在這裡，大禿鸛只有在早晚人們進出較少時才會出現，可見腐肉仍然是牠的最愛。

● 大禿鸛Greater Adjutant Stork（Leptoptilos dubius）亞成鳥寬大灰白的翼帶尚未形成，容易和禿鸛混淆。印度

● 飛行中的非洲白䴉，白色透光的羽翼，鑲著黑邊對比鮮明。南非

● 日鳽Sunbittern（Eurypyga helias）單獨一科一種。喜歡沿著山腳溪澗或低地湖邊出現，屬稀有鳥類，羽毛和環境很類似，不容易發現也不容易認錯。祕魯

世 界 野 鳥 追 蹤

● 鞍嘴鸛又稱凹嘴鸛Saddle-billed Stork（Ephipporhynchus senegalensis）。溼地不常見的鳥類，黃眼珠、橘紅色的嘴，上有寬黑的環帶，鼻頭上貼一塊鵝黃色的色塊，黑白相間的身體，加上莊嚴而略帶滑稽的表情，令人感慨造物的奇特。肯亞

● 黑頭白䴉 Black-headed Ibis（Threskiornis melanocephalus）。約75公分，廣泛分布印度和斯里蘭卡，但印度東部和西北部則無記錄。和聖䴉外形類似，飛羽則無黑色尖端，易於分辨。斯里蘭卡

● 飛行中的非洲琵鷺。南非

● 彩鸛Painted Stork（Mycteria leucocephala）約100公分，廣泛地分布在印度和斯里蘭卡，印度東北和西北部則無記錄。斯里蘭卡

● 噪鷸又稱鳳頭鷸 Hadada Ibis（Bostrychia hagedash）。分布在雨林、濕地、農地，在城市公園亦可以看得到。南非

● 蓑羽鶴Demoiselle Crane（Anthropoides virgo）。印度冬候鳥主要分布在西北地區，Kitch地區本來只有少數在此渡冬，後因當地居民餵食而形成大量集結。印度

● 舞會中爭風吃醋是難以避免的。北海道

沐浴在音羽橋下雪裡川，光影幻化中的丹頂鶴。北海道

● 灰冕鶴Grey Crowned Crane（Balaerica regulorum）。高約1.5公尺，頭部以紅白黑鮮明的色塊構成，加上藍色的眼珠，傘狀針刺的冠羽一副壯嚴肅穆的樣子。肯亞

● 黑頸長腳鷸Black-necked Stilt（Himantopus mexicanus）。羽毛順著風向迎風而立，以減少阻力和台灣常見的黑翅長腳鷸（高蹺行鳥）類似。黑翅長腳鷸頭部的黑色斑帶僅限於夏羽，冬羽則為白色。哥斯大黎加

● 號稱世界最美麗的開普敦港灣。南非

海上的巡弋者

信天翁身長達125cm，兩翼長達300cm是世界上翅膀最長的鳥類。牠的活動區域以南半球為主，除了繁殖期外，是不登陸的，喜歡停留在深海上面，飛行力特別強，可到達數千里外地區覓食，常大量聚集在南半球遠洋拖網作業漁船附近，蔚為奇觀。

南非開普敦外海拖網漁船作業區更是不二之選，加上南非人不吃魚頭，捕到後立即將魚頭肚腸去除，拋棄海中，這些廢棄物馬上吸引了成千上萬的海鳥，不遠千里到此赴宴，而海獅更是其中的大食客。

本來上山下海對鳥人來說是常有的事，未料卻遭遇到前所未有的困境。船慢慢地駛出開普頓港灣，三千噸級的遠洋漁船在灣內顯得格外的平穩，但仍然驚動了停留在長達數百公尺浮標上的海鷗起飛送行，岸邊的別墅和排列整齊的遊艇逐漸遠離，號稱全世界最美麗的海角──好望角，和我們擦身而過，漁船的節數加快，無情的浪頭，不停地頂撞著船底，水花四濺，發出巨大的聲響和震盪，船身隨浪上下，經常是二、三公尺的落差，這時船頭仍不時傳來最新鳥況的呼聲。離目的地尚約二小時的行程，由於船身不規則的顛簸、加上強風的吹襲，一個小時後，個個

● 黑背鷗Kelp Gull（Larus dominicanus）約60公分是鷗科中最大型的鳥類。祕魯

● 象徵航海人的希望聞名於世的好望角。南非

● 烏燕鷗育雛Sooty Tern（Sterna fuscata）。馬來西亞

● 不停地向親鳥索食的新西蘭黑嘴鷗Black-billed Gull（Larus bulleri），幼鳥嘴紅色。紐西蘭

臉色鐵青，開始有噁心的感覺，好不容易熬到目的地，馬達聲變小速度減緩，船頭再度傳來驚呼聲，茫茫中看到不遠的拖網漁船，和漫天飛舞的海鳥。減速後的漁船，就像浪頭上的一片落葉忽上忽下，隨風飄搖。平日夢寐難求的信天翁，不斷地從頭頂壓過，我奮力地舉起相機，鏡頭內幾乎可以清楚地看到那幅傲慢的嘴臉，一張也不放過，但興奮的心情卻壓不住強烈反胃的衝動，眼尖的女夥伴趕緊遞上一個塑膠袋，再也忍不住，盡快地宣洩一番，隨後一手拿相機一手提袋，拍拍吐吐，大約有三捲左右的成績，終於不支倒地、癱伏在甲板的座椅上，已顧不得身旁心愛的相機不時被海水濺到，也無法理會同夥的關照。不知過了多久，船身漸趨平穩，精神也慢慢好轉，船已回到開普敦灣，我終於真正看到了全世界最美的好望角，也領會到早期航海人員歷經長達數月的海上行程，看到好望角那股殷切的期盼。回來後，那三捲底片居然張張清楚，哪怕是歪歪斜斜，都是生命中最珍貴的畫面。

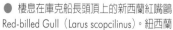
● 棲息在庫克船長頭頂上的新西蘭紅嘴鷗
Red-billed Gull（Larus scopcilinus）。紐西蘭

● 棲息岸邊的南非企鵝又稱斑嘴環企鵝Jackass Penguin（Spheniscus demersus）。南非

● 黑背鷗Kelp Gull（Larus dominicanus）約60公分
是鷗科中最大型的鳥類。祕魯

● 北極鷗Glaucous Gull（Larus hyperboreus）。北海道

● 鼓翅狂叫的黑背鷗。澳洲

● 烏燕鷗Sooty Tern（Sterna fuscata），成群棲息於海上無人島上。馬來西亞

世界野鳥追蹤

那庫魯湖大小紅鸛群聚百萬隻以上的壯觀場面。肯亞

就是紅鸛。隨著距離拉近、視野變小，畫面則愈來愈清晰，湖中緊密的鳥群嘎嘎的叫聲幾乎淹沒了我們的存在。其實寬闊的湖邊還有二、三十種鳥類和其他野生動物，令人一時不知從何拍起，足足五、六分鐘才清醒過來，猛按快門，直到鳥導緊急召呼大家快速回到吉普車旁，才警覺到遠遠二百公尺外，有隻躲在矮樹叢裡的母獅正在窺視我們，大家才冷靜下來，但拍攝的動作並未因此中止。

　　大、小紅鸛很容易區分，大紅鸛約127公分，小紅鸛約100公分。大紅鸛除體型較大外，羽色較白，粉紅色的嘴和黑色的嘴尖，界線分明，小紅鸛的嘴則為紅黑色混雜在一起。覓食的方式，都是利用充滿薄片溝槽的巨嘴來過濾水中的藻類和其他細小的有機類，舌頭的動作像活塞一樣，每秒鐘伸縮的次數可達6至20次，吞下食物把泥水從薄片溝槽排出，小紅鸛伸縮次數較高，可達20次以上，大紅鸛亦會攝取較小的甲殼類和水生昆蟲的幼蟲。

　　在整理資料時，我想找一張大小紅鸛在一起的照片，未料在多達千張的片子中，居然找不到一張可以做解說用的，因此在第四度進入非洲時便特別留意，終在那米比亞拍到一張近距離，大小紅鸛在一起的照片，這些照片看起來不怎麼樣，但每一張都得來不易。

世界野鳥追蹤

● 大紅鸛（125-145公分）和小紅鸛（80-90公分）在一起有如鶴立雞群很容易分辨，單獨則不易，仍須從嘴的顏色加以區分。那米比亞

● 聚集在地熱噴氣孔附近、硫磺氣很重的大小紅鸛。肯亞

世 界 野 鳥 追 蹤

● 覓食後輪流排隊到淡水的小溪，洗去身上濃濃的鹽分。肯亞

● 隨時都有一小群一小群來回飛行，是拍動態畫面的最好時機。肯亞

● 金剛鸚鵡Scarlet Macaw（Ara macao）在亞馬遜河畔峭壁上攝取含有鹽分的
泥土，遊客須搭偽裝船才能靠近。祕魯

後記

「世界野鳥追蹤」是 件不可能完成的任務，年輕時只想跑遍台灣的鄉村小鎮，目標具體而可愛，年紀大了，反而把它推向遙不可及的地方，想要跑遍世界國家公園，就像小女孩的追星夢一樣，可以讓你窮畢生之力，而無法達成，終不知老之將至矣。本書將多年的賞鳥經驗，以隨筆的方式輕鬆地呈現出來，和大家分享親臨現場的感動與震撼。書中所附圖片約三百張是從兩萬多張中挑選出與主題相關的圖片，每張都有鳥名稱、拍攝地點、簡易的說明，而主文則偏向整體性的行為觀察，習性特徵或環境的介紹，以及拍攝的心境，希望能一起分享親近大自然的樂趣。

在拍鳥的過程當中，觀念和想法隨著時間不斷的在改變，過去只注意照片中的鳥而忽略了牠賴以生存的環境，不明白「你所要的構圖並非牠喜歡的環境」，沒辦法欣賞所謂「自然就是美」的想法。記得在東非肯亞，當我從鏡頭裡第一次看到非洲禿鸛時，不敢相信世界上竟然有如此醜陋的鳥，幾年後再度遭遇，不但不覺得牠醜，而且能欣賞牠自然無缺的美。對於自己生長的環境以往也多所抱怨，沒想到每出去一趟，便增加一分對這塊土地的珍惜，希望能有機會多奉獻一分自己的力量。

這本書能順利出版，首先要感謝曾國藩教授對中南美洲、非洲等地海外行程的精心規劃，讓我有機會參與眾多賞鳥頂尖高手的行列，以及許建中先生，印度、尼泊爾、不丹等地，充滿自然人文的安排，而記錄了許多畢生難忘的畫面，同時也要感謝黃玉明老師辛苦地校對及協助鳥種的辨認，加上好友劉伯樂的鼓勵才勉力完成，而踏出「世界野鳥追蹤」的第一步。

作 者 簡 介

　　柯明雄。生於1942年，曾任國中教務、訓導、輔導主任，1986年獲頒師鐸獎。喜歡旅
遊、生態攝影、寫作及繪畫，以台灣鄉村小鎮及世界國家公園為目標，尤其偏愛熱帶雨林
與野性的非洲，其間四度進出非洲，追尋永遠無法實現的夢「世界野鳥追蹤」。

自然追蹤

世界野鳥追蹤

2004年11月初版　　　　　　　　　　　　定價：新臺幣450元
有著作權・翻印必究
Printed in Taiwan.

文・攝影　柯　明　雄
發 行 人　林　載　爵

出 版 者　聯經出版事業股份有限公司　　　　叢書主編　黃　惠　鈴
台 北 市 忠 孝 東 路 四 段 5 5 5 號　　　　校　　對　陳　介　祜
台 北 發 行 所 地 址：台北縣汐止市大同路一段367號　整體設計　陳　泰　榮
　　　　　電話：(0 2) 2 6 4 1 8 6 6 1
台 北 忠 孝 門 市 地 址：台北市忠孝東路四段561號1-2樓
　　　　　電話：(0 2) 2 7 6 8 3 7 0 8
台 北 新 生 門 市 地 址：台北市新生南路三段9 4 號
　　　　　電話：(0 2) 2 3 6 2 0 3 0 8
台 中 門 市 地 址：台 中 市 健 行 路 3 2 1 號
台 中 分 公 司 電 話：(0 4) 2 2 3 1 2 0 2 3
高 雄 辦 事 處 地 址：高 雄 市 成 功 一 路 3 6 3 號 B 1
　　　　　電話：(0 7) 2 4 1 2 8 0 2
郵 政 劃 撥 帳 戶 第 0 1 0 0 5 5 9 - 3 號
郵 　 撥 　 電 　 話：2 6 4 1 8 6 6 2
印 刷 者　文 鴻 彩 色 製 版 有 限 公 司

行政院新聞局出版事業登記證局版臺業字第0130號

聯經網址 http://www.linkingbooks.com.tw
　　信箱 e-mail:linking@udngroup.com

國家圖書館出版品預行編目資料

世界野鳥追蹤 / 柯明雄文・攝影 .
--初版 . --臺北市
聯經，2004 年（民 93）
216 面；20×20 公分 .（自然追蹤）

ISBN　957-08-2775-0(精裝)

1.鳥

388.8　　　　　　　　　　　　　93019527

● 灰頸鷺鴇Kori Bustard（Ardeotis kori）身高120公分重達18公斤。
那米比亞